MINISTÈRE DE L'INSTRUCTION PUBLIQUE ET DES CULTES.

TABLEAU STATISTIQUE

DES

BIBLIOTHÈQUES PUBLIQUES

DES DÉPARTEMENTS,

D'APRÈS DES DOCUMENTS OFFICIELS RECUEILLIS

DE 1853 A 1857.

(Extrait du JOURNAL GÉNÉRAL DE L'INSTRUCTION PUBLIQUE.)

1857

PARIS, IMPRIMERIE PAUL DUPONT,
Rue de Grenelle - Saint - Honoré, 45.

TABLEAU STATISTIQUE

DES

BIBLIOTHÈQUES PUBLIQUES DES DÉPARTEMENTS.

L'ordonnance royale du 22 février 1839, en appelant les bibliothèques publiques à participer aux distributions de livres faites par le ministère de l'instruction publique, avait prescrit l'envoi de tous les catalogues de ces établissements au ministère, pour y constituer « le grand livre des bibliothèques de France. » Cette prescription fut imparfaitement exécutée. L'Administration dut continuer les concessions de livres sans posséder de complets renseignements sur les bibliothèques. Au mois de juin 1853, M. le Ministre de l'instruction publique réclama de tous les préfets des rapports détaillés sur chacune des bibliothèques de leur ressort. Les renseignements demandés ont été fournis avec empressement, puis complétés jusqu'à la fin de 1856. Le tableau statistique qui suit résume, par des chiffres, les principales indications extraites des rapports de MM. les préfets. Dans ce tableau ne figurent ni les bibliothèques de Paris ni celles qui, dans les départements, appartiennent à des sociétés particulières ou à des établissements spéciaux et n'admettent qu'un public restreint.

Les résultats généraux de cette statistique peuvent se formuler ainsi : Les départements possèdent 340 bibliothèques publiques, offrant, par semaine, 1,084 séances de lecture, et fréquentées chaque jour, en moyenne, par 3,746 lecteurs. On y trouve 3,778,606 volumes, dont 44,436 manuscrits et 3,734,170 imprimés. Les allocations faites par les villes s'élèvent à 417,918 francs 50 centimes dont 227,139 pour le personnel, et 190,779 francs 50 centimes pour le matériel. Ces allocations ne sont ni fixes ni obligatoires et peuvent être augmentées ou diminuées au gré des conseils municipaux.

37 bibliothèques prêtent exclusivement les livres au dehors; il n'a pas été possible d'apprécier exactement le nombre de lecteurs ayant recours à ces établissements; 42 ont des séances du soir, dont on n'a pu indiquer le nombre, parce que généralement ces séances n'ont lieu que pendant une partie de l'année et à des époques différentes. Mais la moyenne des lecteurs du soir est comprise dans la moyenne générale.

NOMS des DÉPARTEMENTS.	NOMS des BIBLIOTHÈQUES.	NOMBRE de VOLUMES		TOTAL.
		Manuscrits.	Imprimés.	
AIN............	Belley................	»	4,806	4,806
	Bourg................	39	18,000	18,039
	Nantua...............	2	2,800	2,802
	Pont-de-Vaux........	2	2,644	2,646
	Trévoux..............	5	567	572
AISNE..........	Laon.................	522	16,176	16,698
	Saint-Quentin.......	150	13,000	13,150
	Soissons.............	293	30,000	30,293
ALLIER.........	Montluçon (1)........	»	1,333	1,333
	Moulins..............	51	18,441	18,492
ALPES (BASSES-).	Curban...............	»	200	200
	Digne................	22	4,007	4,029
	Forcalquier..........	»	60	60
	Gréoulx..............	»	194	194
	Manosque............	»	323	323
	Sisteron.............	»	1,300	1,300
ALPES (HAUTES-).	Gap	16	8,476	8,492
ARDÈCHE.......	Annonay	»	11,687	11,687
	Aubenas.............	»	2,000	2,000
	Privas...............	»	2,000	2,000
ARDENNES......	Charleville..........	399	22,000	22,399
	Mézières.............	»	2,000	2,000
	Sedan................	4	5,631	5,635
	Vouziers.............	»	100	100
ARIÉGE.........	Foix.................	8	10,000	10,008
	Pamiers.............	1	3,588	3,589
AUBE	Arcis	»	750	750
	Nogent...............	»	3,000	3,000
	Troyes...............	3,000	100,000	103,000
AUDE	Carcassonne.........	47	11,420	11,467
	Limoux..............	»	100	100
	Narbonne............	12	1,958	1,970
	A reporter....	4,573	298,461	303,034

(1) Il ne s'est jamais présenté aucun lecteur.

BIBLIO-THÈQUES pourvues d'un catalogue complet.	DATE du CATA-LOGUE.	NOMBRE de jours d'ouverture par semaine.	PRÊT au dehors exclusivement.	MOYENNE QUOTIDIENNE des lecteurs.	ALLOCATIONS MUNICIPALES pour le		SÉANCES du soir.
					personnel.	matériel.	
1	1856	2	«	9	»	»	»
1	1856	3	»	11	500	400	1
1	1856	»	1	»	»	»	»
1	1847	»	1	»	80	250	»
1	1856	6	»	»	»	»	»
1	1841	6	»	12	984	800	»
1	1855	6	»	9	1,000	800	»
1	1855	5	»	11	1,100	1,050	»
1	1838	»	»	»	»	»	»
1	1855	5	»	9	1,000	700	»
1	1840	6	»	6	»	»	»
1	1825	6	»	1	150	200	»
1	1855	»	»	»	»	»	»
1	1856	»	1	»	»	»	»
1	1856	6	»	2	»	200	»
1	1855	6	»	5	100	60	»
1	1832	5	»	15	600	600	1
1	1856	6	»	15	600	1,800	1
1	1856	3	»	5	150	100	»
1	1856	2	»	6	200	200	»
1	1856	6	»	5	200	580	»
1	1823	6	»	2	»	200	»
1	1856	6	»	9	600	600	1
1	»	»	»	»	»	»	»
1	1841	5	»	5	650	150	»
1	1856	»	1	»	»	100	»
1	1853	»	1	»	»	»	»
1	1856	4	»	»	»	250	»
1	1824	5	»	25	3,050	1,200	»
1	1855	6	»	16	1,200	1,000	»
1	1856	»	1	»	»	100	»
1	1844	3	»	10	700	500	»
32		110	6	188	12,864	11,840	4

NOMS des DÉPARTEMENTS.	NOMS des BIBLIOTHÈQUES.	NOMBRE de VOLUMES		TOTAL.
		manuscrits.	imprimés.	
	Report......	4,573	298,461	303,034
AVEYRON........	Rodez.............	50	18,000	18,050
	Saint-Geniez.......	»	1,600	1,600
BOUCHES – DU – RHÔNE.......	Aix........	1,062	95,000	96,062
	Arles.............	91	11,855	11,946
	Marseille...........	1,335	51,219	52,554
	Tarascon....... ...	»	3,250	3,250
CALVADOS......	Bayeux.............	10	15,000	15,010
	Caen.............	226	40,107	40,333
	Condé.............	»	280	280
	Falaise.............	3	8,000	8,003
	Lisieux.............	»	7,000	7,000
	Pont-l'Évêque......	»	500	500
	Vire.............	4	7,800	7,804
CANTAL........	Aurillac...........	150	7,500	7,650
	Mauriac...........	3	1,600	1,603
CHARENTE......	Angoulême........	38	16,500	16,538
CHARENTE-INFÉ-RIEURE.......	Jonzac.............	»	600	600
	La Rochelle........	324	22,000	22,324
	Rochefort...........	2	9,000	9,002
	Saintes.............	30	22,000	22,030
CHER..........	Bourges.............	310	20,000	20,310
	Saint-Amand.......	3	985	988
CORRÈZE.......	Brives.............	12	3,521	3,533
	Seilhac.............	90	1,050	1,140
	Tulle........ ...	»	3,200	3,200
	Ussel.............	»	24	24
	Uzerches..	»	1,091	1,091
CORSE..........	Ajaccio...........	1	15,380	15,381
	Bastia.............	12	20,000	20,012
	Corte.............	8	1,477	1,485
CÔTE-D'OR......	Arnay-le-Duc.......	»	2,380	2,380
	Auxonne...........	»	4,439	4,439
	Beaune.............	160	30,000	30,160
	Châtillon-sur-Seine..	10	10,700	10,710
	Dijon.............	500	50,000	50,500
	À reporter....	9,007	801,519	810,526

BIBLIO-THÈQUES pourvues d'un catalogue complet.	DATE du CATA-LOGUE.	NOMBRE de JOURS d'ouverture par semaine.	PRÊT au DEHORS exclusi-vement.	MOYENNE QUOTIDIENNE des lecteurs.	ALLOCATIONS MUNICIPALES pour le		SÉANCES du SOIR.
					personnel.	matériel.	
32		110	6	188	12,864	11,840	4
1	1833	6	»	15	600	350	»
1	1853	2	»	20	»	»	»
1	1830	6	»	25	4,200	2,377 50	1
1	1855	6	»	15	1,000	1,000	»
1	1793	5	»	65	7,800	3,600	»
1	1855	3	»	12	700	400	»
1	1856	5	»	12	1,200	1,100	»
1	1809	6	»	35	3,600	2,950	»
1	1848	2	»	4	100	150	»
1	1825	»	1	»	350	250	»
1	1856	4	1	10	550	»	»
1	1856	»	1	»	»	100	»
1	1856	5	»	6	400	600	»
1	1856	3	»	15	600	400	»
1	1856	2	»	10	80	»	»
1	1835	5	»	15	1,200	600	»
1	1856	»	»	»	»	60	»
1	1856	3	»	5	700	600	»
1	1856	6	»	7	1,200	1,000	»
1	1856	5	»	8	»	»	»
1	1853	6	»	10	1,400	600	»
1	»	2	»	4	»	50	»
1	1856	»	1	»	100	200	»
1	1856	2	»	20	»	»	»
1	1856	6	»	10	400	150	»
1	1856	»	»	»	»	»	»
1	1856	3	»	8	»	»	»
1	1856	6	»	28	1,160	200	»
1	1853	6	»	25	1,000	200	»
1	1856	6	»	8	50	50	»
1	1856	»	1	»	»	200	»
1	1856	3	»	25	500	400	»
1	1838	5	»	12	1,000	400	»
1	1848	2	»	20	320	550	»
1	1840	5	»	30	3,050	4,600	»
55		236	10	667	46,124	34,977 50	5

NOMS des DÉPARTEMENTS.	NOMS des BIBLIOTHÈQUES.	NOMBRE de VOLUMES		TOTAL.
		manuscrits.	imprimés.	
	Report......	9,007	801,519	810,526
CÔTE-D'OR (suite).	Montbard..........	»	1,360	1,360
	Saulieu..........	»	1,159	1,159
	Semur..........	98	10,000	10,098
CÔTES-DU-NORD..	Dinan..........	1	3,400	3,401
	Guingamp (1)......	»	»	»
	Lamballe..........	15	1,350	1,365
	Lannion..........	1	1,937	1,938
	Saint-Brieuc.......	128	16,700	16,828
CREUSE........	Guéret..........	6	6,500	6,506
DORDOGNE......	Bergerac..........	»	1,912	1,912
	Périgueux.........	14	14,000	14,014
DOUBS..........	Baume-les-Dames....	2	2,072	2,074
	Besançon..........	1,500	80,000	81,500
	Montbéliard.......	90	10,000	10,090
	Ornans (2)........	»	»	»
	Pontarlier........	20	3,500	3,520
	Quingey..........	7	1,101	1,108
DRÔME........	Valence..........	26	18,000	18,026
EURE.........	Andelys..........	»	160	160
	Bernay..........	»	900	900
	Conches..........	8	1,809	1,817
	Evreux..........	145	7,000	7,145
	Louviers..........	28	6,000	6,028
	Verneuil..........	»	3,441	3,441
EURE-ET-LOIR...	Chartres..........	936	31,850	32,786
	Châteaudun........	10	7,000	7,010
	Dreux..........	»	1,420	1,420
	Janville..........	»	2,000	2,000
	Nogent-le-Rotrou...	»	2,800	2,800
FINISTÈRE......	Brest..........	»	24,000	24,000
	Quimper.........	32	12,876	12,908
GARD..........	Alais..........	»	4,601	4,601
	Gallargues........	»	1,000	1,000
	A reporter....	12,074	1,080,367	1,092,441

(1) Non encore organisée. — (2) On s'occupe d'organiser cette bibliothèque.

BIBLIO-THÈQUES pourvues d'un catalogue complet.	DATE du cata-logue.	NOMBRE de jours d'ouver-ture par semaine.	PRÊT au dehors exclusi-vement.	MOYENNE QUOTIDIENNE des lecteurs.	ALLOCATIONS MUNICIPALES pour le		SÉANCES du soir
					personnel.	matériel.	
67		236	10	667	46,124	34,977 50	6
1	1856	3	»	»	»	»	»
1	1856	»	»	»	»	»	»
1	1856	3	»	12	200	800	»
1	1846	2	»	9	300	200	»
1	»	»	»	»	»	50	»
1	1856	6	»	3	»	»	»
1	1841	2	»	»	»	»	»
1	1852	3	»	10	1,000	650	»
1	1856	4	»	8	400	100	»
1	»	2	»	»	»	100	»
1	1837	6	»	17	1,200	800	»
1	1856	2	»	3	»	50	»
1	»	3	»	40	6,450	3,200	»
1	1834	1	»	20	30	300	»
»	»	»	»	»	»	»	»
1	1849	2	»	12	100	50	1
1	1791	»	»	»	»	»	»
1	1836	4	»	25	1,900	1,500	»
1	1845	»	»	»	»	100	»
»	»	»	»	»	»	»	»
1	1856	2	»	4	»	80	»
1	1856	4	»	20	800	400	»
1	1843	4	»	12	300	400	1
1	1856	»	»	»	»	»	»
1	1817	3	»	10	1,600	»	»
1	1854	1	»	6	»	300	»
1	1856	1	»	»	»	100	»
1	1854	»	»	»	»	»	»
1	1856	2	»	»	»	200	»
1	1853	5	»	»	3,400	1,800	1
1	1851	6	»	6	800	800	»
1	1856	3	»	10	150	50	»
1	1843	»	1	»	»	»	»
98		308	11	893	63,754	46,607 50	8

NOMS des DÉPARTEMENTS.	NOMS des BIBLIOTHÈQUES	NOMBRE de VOLUMES		TOTAL.
		manuscrits.	imprimés.	
	Report......	12,074	1,080,367	1,092,441
GARD (suite)....	Nîmes............	207	50,000	50,207
	Sommières.........	»	251	251
	Uzès.............	2	3,400	3,402
	Villeneuve........	135	7,050	7,185
GARONNE (H^{te}-)..	Saint-Gaudens......	1	800	801
	Toulouse	700	50,000	50,700
GERS	Auch............	86	8,836	8,922
	Condom (1).......	1	4,200	4,201
	Lectoure.........	»	249	249
	Mirande..........	25	2,000	2,025
GIRONDE........	Bazas...........	»	472	472
	Blaye...........	»	276	276
	Bordeaux.........	320	123,000	123,320
	Lesparre	»	64	64
	Libourne	2	7,500	7,502
	La Réole..	»	300	300
	Saint-André-du-Bois.	»	180	180
	Sainte-Foy........	»	1,245	1,245
HÉRAULT........	Béziers...........	10	6,815	6,825
	Cette............	2	600	602
	Clermont	»	852	852
	Montpellier........	66	30,000	30,066
ILLE-ET-VILAINE.	Fougères..........	1	3,025	3,026
	Rennes...........	220	40,000	40,220
	Saint-Malo.........	3	5,085	5,088
	Vitré............	»	4,600	4,600
INDRE..........	Blanc	»	225	225
	Châteauroux.......	2	5,800	5,802
	La Châtre.........	3	900	903
	Issoudun..........	»	1,634	1,637
INDRE-ET-LOIRE.	Chinon...........	»	1,226	1,226
	Loches...........	20	2,600	2,620
	Tours............	1,200	37,300	38,500
	A reporter....	15,080	1,480,722	1,495,802

(1) Fermée pour cause d'agrandissement.

BIBLIO-THÈQUES pourvues d'un catalogue complet.	DATE du CATA-LOGUE.	NOMBRE de jours d'ouverture par semaine.	PRÊT au dehors exclusivement.	MOYENNE QUOTIDIENNE des lecteurs.	ALLOCATIONS MUNICIPALES pour le		SÉANCES du soir.
					personnel.	matériel.	
98		308	11	893	63,764	46,607 50	8
1	1836	6	»	30	2,400	2,300	»
1	1855	6	»	3	»	75	»
1	1855	2	»	12	»	600	»
1	An IX	6	»	»	»	»	»
1	1855	6	»	3	»	300	1
1	1835	6	»	140	4,400	3,150	1
1	1856	6	»	10	1,000	350	»
1	1856	»	»	»	300	100	»
1	1856	6	»	1	»	»	»
1	1851	6	»	»	»	»	»
1	1855	»	1	»	»	»	»
1	1853	3	»	3	»	»	»
1	1842	6	»	70	7,300	7,700	1
1	1855	6	»	4	»	»	»
1	1849	3	»	10	500	1,000	1
1	1855	2	»	6	150	100	»
1	1848	»	1	»	»	»	»
1	1855	2	»	8	150	»	»
1	1856	6	»	10	550	475	»
1	1855	6	»	»	»	»	»
1	1856	6	»	6	»	150	»
1	»	6	»	100	3,100	1,850	1
1	1854	4	»	12	300	300	1
1	1843	6	»	115	3,200	3,200	»
1	1855	6	»	10	600	250	1
1	1836	6	»	10	300	300	»
»	»	2	»	6	»	60	»
1	1855	6	»	9	600	400	»
1	1855	»	1	»	»	60	»
1	1855	6	»	6	»	300	»
1	1855	6	»	2	»	200	»
»	»	6	»	»	»	»	»
1	1856	4	»	15	2,400	1,200	»
129		452	14	1,488	91,004	70,917 50	15

NOMS des DÉPARTEMENTS.	NOMS des BIBLIOTHÈQUES.	NOMBRE de VOLUMES		TOTAL.
		manuscrits.	imprimés.	
	Report.....	15,080	1,480,722	1,495,802
ISÈRE...........	Grenoble..........	1,500	80,000	81,500
	Vienne (1).........	7	7,309	7,316
	Vizille............	»	800	800
JURA...........	Arbois............	»	1,200	1,200
	Dôle.............	617	35,830	36,447
	Lons-le-Saulnier....	3	4,200	4,203
	Saint-Claude.......	3	2,729	2,732
	Salins............	35	6,400	6,435
LANDES........	Mont-de-Marsan....	»	4,000	4,000
LOIR-ET-CHER....	Blois.............	10	20,000	20,010
	Romorantin........	»	237	237
	Vendôme..........	279	7,828	8,107
LOIRE..........	Montbrison........	41	1,076	1,117
	Roanne...........	75	8,000	8,075
	Saint-Chamond....	»	8,000	8,000
	Saint-Étienne......	23	5,635	5,658
LOIRE (HAUTE-).	Brioude..........	15	1,038	1,053
	Le Puy...........	1	7,338	7,339
LOIRE-INFÉR....	Nantes...........	187	45,000	45,187
LOIRET.........	Gien.............	1	1,888	1,889
	Montargis........	»	3,116	3,116
	Orléans..........	486	33,000	33,486
	Pithiviers.........	3	360	363
LOT...........	Cahors...........	12	10,736	10,748
	Figeac...........	»	2,000	2,000
	Saint-Céré........	»	66	66
LOT-ET-GARONNE	Agen.............	9	15,000	15,009
	Lavardac.........	»	64	64
	Marmande........	4	3,400	3,404
	Nérac...........	»	48	48
	Villeneuve-sur-Lot..	»	1,200	1,200
LOZÈRE........	Mende...........	60	8,000	8,060
	A reporter....	18,451	1,806,120	1,824,571

(1) Était fermée en 1853 pour cause de déménagement.

BIBLIOTHÈQUES pourvues d'un catalogue complet.	DATE du CATALOGUE.	NOMBRE de jours d'ouverture par semaine.	PRÊT au DEHORS exclusivement.	MOYENNE QUOTIDIENNE des lecteurs.	ALLOCATIONS MUNICIPALES pour le		SÉANCES du soir.
					personnel.	matériel.	
129		452	14	1,488	91,004	70,917 50	15
1	1839	5	»	32	3,350	2,400	1
1	1856	»	»	»	600	850	»
1	1856	»	»	»	»	»	»
1	1855	»	»	»	»	»	»
1	1853	5	»	10	1,000	400	»
1	1856	3	»	15	400	200	»
1	1856	2	»	8	»	100	»
1	1855	2	»	21	250	300	»
1	1856	2	»	7	250	200	»
1	1856	5	»	12	1,200	1,650	»
1	1855	»	»	»	»	»	»
1	1856	2	»	5	370	200	»
1	1856	1	»	4	400	200	»
1	1856	2	»	8	200	100	»
1	1841	2	»	6	600	300	»
1	1855	3	»	25	1,200	1,200	1
1	1856	»	»	»	»	500	»
1	1837	3	»	7	1,100	350	1
1	1807	5	»	75	3,800	2,300	»
1	1843	»	»	»	»	»	»
1	1856	6	»	20	»	300	»
1	1836	6	»	20	2,500	1,500	»
1	1856	»	»	»	»	50	»
1	1856	5	»	30	1,700	800	»
»	»	»	»	»	»	»	»
1	1845	»	»	»	»	»	»
1	1840	6	»	15	1,200	800	»
1	1856	»	1	»	»	»	»
1	1856	5	»	6	250	50	»
1	1856	»	1	»	»	»	»
1	1856	6	»	3	»	250	»
1	1856	2	»	18	400	100	»
160		530	16	1,835	110,824	86,017 50	18

NOMS des DÉPARTEMENTS.	NOMS des BIBLIOTHÈQUES.	NOMBRE de VOLUMES manuscrits.	imprimés.	TOTAL.
	Report......	18,451	1,806,120	1,824,571
MAINE-ET-LOIRE.	Angers............	900	27,000	27,900
	Saumur	13	8,000	8,013
	Avranches	201	11,000	11,201
	Cherbourg.........	34	6,448	6,482
	Coutances	26	7,000	7,026
MANCHE........	Mortain....	6	700	706
	Saint-Lô.........	2	6,000	6,002
	Torigny	»	920	920
	Valognes	108	12,000	12,108
	Châlons...........	80	26,000	26,080
	Epernay...........	192	12,960	13,152
MARNE........	Reims.............	1,300	29,000	30,300
	Sainte-Ménéhould...	»	2,000	2,000
	Vitry-le-François....	107	11,844	11,951
	Bourbonne........	»	865	865
	Bourmont........ ..	»	720	720
	Chaumont.........	160	35,000	35,160
	Fays-Billot........	»	150	150
MARNE (HAUTE-).	Ferté-sur-Amance...	»	961	961
	Joinville..........	»	450	450
	Langres	40	8,000	8,040
	Melay............	»	308	308
	Saint-Dizier.......	»	1,500	1,500
	Wassy...........	»	1,629	1,629
MAYENNE......	Château-Gontier....	»	2,677	2,677
	Laval............	19	8,773	8,792
	Château-Salins	»	438	438
	Dieuze...........	»	1,000	1,000
MEURTHE......	Lunéville..........	1	996	997
	Nancy............	265	30,013	30,278
	Pont-à-Mousson.....	8	8,200	8,208
	Toul.............	»	4,028	4,028
	Bar-le-Duc........	»	6,000	6,000
MEUSE........	Saint-Mihiel.......	80	8,348	8,428
	Verdun...........	150	18,000	18,150
	A reporter....	22,142	2,104,948	2,127,090

BIBLIO-THÈQUES pourvues d'un catalogue complet.	DATE du CATALOGUE.	NOMBRE de JOURS d'ouverture par semaine.	PRÊT au DEHORS exclusivement.	MOYENNE QUOTIDIENNE des lecteurs.	ALLOCATIONS MUNICIPALES pour le		SÉANCES du soir.
					personnel.	matériel.	
160		630	16	1,835	110,824	86,017 50	18
1	1856	5	»	20	2,900	2,580	»
1	1825	6	»	7	350	400	»
1	1820	4	»	10	600	150	»
1	1846	5	»	3	600	270	»
1	1856	6	»	18	1,400	200	»
1	1856	2	»	4	150	»	»
1	1856	4	»	18	700	300	»
1	1856	»	»	»	»	200	»
1	1838	3	»	2	430	370	»
1	1855	6	»	12	1,300	700	»
1	1828	»	1	»	300	150	»
1	1832	»	»	5	2,750	1,900	»
1	1855	»	»	»	»	300	»
1	1856	»	1	»	500	600	»
1	1862	3	»	5	100	600	»
1	1856	»	»	»	»	»	»
1	1745	2	»	18	500	150	»
1	1856	»	»	»	»	»	»
1	1851	»	1	»	»	»	»
1	1850	»	1	»	»	»	»
1	1857	2	»	10	300	400	»
1	1856	2	»	20	30	200	»
1	1856	2	»	5	100	100	»
1	1856	2	»	3	100	150	»
1	1845	2	»	6	300	300	1
1	1855	5	»	12	1,150	1,450	1
1	1855	2	»	12	»	»	»
1	1855	»	»	»	»	»	»
1	1855	6	»	5	250	550	»
1	1855	5	»	20	3,480	2,420	»
1	1855	2	»	6	»	100	»
1	1855	4	»	31	»	600	»
1	1855	»	1	»	»	300	»
1	1853	»	1	»	»	300	»
1	1817	2	»	6	300	450	»
195		611	22	2,093	129,414	103,107 50	20

NOMS des DÉPARTEMENTS.	NOMS des BIBLIOTHÈQUES.	NOMBRE de VOLUMES		TOTAL.
		manuscrits.	imprimés.	
	Report......	22,142	2,104,948	2,127,090
MORBIHAN......	Gacilly............	»	78	78
	Lorient............	»	2,282	2,282
	Vannes............	4	9,000	9,004
MOSELLE........	Briey.............	2	406	408
	Lessy.............	»	180	180
	Metz.............	1,050	27,000	28,050
	Sarreguemines......	»	520	520
	Thionville.........	»	724	724
NIÈVRE........	Château-Chinon.....	»	1,271	1,271
	Clamecy...........	3	4,128	4,131
	Nevers............	18	13,000	13,018
	Varzy.............	»	900	900
NORD..........	Armentières.......	»	179	179
	Avesnes...........	»	1,492	1,492
	Bailleul (1)........	»	36	36
	Bergues...........	36	5,257	5,293
	Bourbourg.........	10	2,026	2,036
	Cambrai..........	1,254	33,133	34,387
	Cateau...........	»	2,086	2,086
	Douai............	970	36,500	37,470
	Dunkerque........	34	6,000	6,034
	Lille.............	515	28,954	29,469
	Maubeuge.........	»	773	773
	Quesnoy..........	»	609	609
	Roubaix..........	14	1,234	1,248
	Saint-Amand......	10	630	640
	Valenciennes......	858	15,300	16,158
OISE..........	Beauvais..........	19	13,351	13,370
	Clermont..........	100	8,000	8,100
	Compiègne........	12	9,526	9,538
	Noyon............	»	4,000	4,000
	Pontoise..........	»	85	85
	Senlis...........	28	10,792	10,820
ORNE..........	Alençon...........	180	12,343	12,523
	Argentan..........	1	483	484
	Domfront..........	10	3,200	3,210
	Vimoutiers........	»	367	367
	A reporter....	27,270	2,360,793	2,388,063

(1) Non encore organisée.

BIBLIO-THÈQUES pourvues d'un catalogue complet.	DATE du CATA-LOGUE.	NOMBRE de jours d'ouver-ture par semaine.	PRÊT ou LECTURE exclusi-vement.	MOYENNE QUOTIDIENNE des lecteurs.	ALLOCATIONS MUNICIPALES pour le		SÉANCES du soir.
					personnel.	matériel.	
195		611	22	2,093	129,414	103,107 50	20
1	1856	»	1	»	»	»	»
1	1855	6	»	»	»	»	»
1	1832	2	»	20	850	»	»
1	1855	6	»	»	»	»	»
1	1846	1	»	15	»	»	»
1	1830	6	»	45	2,650	2,465	1
1	1853	1	»	28	»	»	»
1	1855	»	»	»	»	100	»
1	1856	»	1	»	»	300	»
1	1841	2	»	10	»	100	1
1	1856	7	»	»	600	1,200	»
1	1838	»	1	»	»	»	»
1	1856	»	»	»	»	»	»
1	1856	2	»	12	100	250	1
1	1856	»	»	»	»	»	»
1	1856	6	»	»	»	150	»
1	1856	6	»	11	50	200	»
1	1810	6	»	4	1,300	700	»
1	1856	2	»	»	»	»	»
1	1856	3	»	10	1,500	1,500	»
1	1856	3	»	9	»	800	1
1	1803	7	»	90	3,465	3,000	»
1	1856	2	»	3	»	100	»
1	1856	»	»	»	»	»	»
1	1856	7	»	18	2,000	1,500	1
1	1857	6	»	»	»	»	»
1	»	6	»	15	2,800	1,000	1
1	1843	3	»	15	550	1,157	»
1	1856	2	»	10	»	200	»
1	1856	6	»	20	300	700	1
»	»	»	»	»	»	»	»
1	1856	6	1	»	»	25	»
1	1856	1	»	18	150	300	»
1	1810	5	»	10	»	450	»
1	1857	2	»	»	»	»	»
1	1847	»	1	»	50	300	»
1	1857	6	»	»	»	»	»
231		728	27	2,456	145,724	119,604 50	27

NOMS des DÉPARTEMENTS.	NOMS des BIBLIOTHÈQUES.	NOMBRE de VOLUMES		TOTAL.
		manuscrits.	imprimés.	
	Report......	27,270	2,360,793	2,388,063
	Aire............	10	3,671	3,681
	Arras..........	1,137	36,772	37,909
	Béthune.........	»	1,479	1,479
	Boulogne.........	281	28,351	28,632
PAS-DE-CALAIS..	Calais.........	43	7,825	7,868
	Hesdin.........	»	4,256	4,256
	Montreuil........	»	760	760
	Saint-Omer.......	934	14,000	14,934
	Saint-Pol.........	20	3,290	3,310
PUY-DE-DÔME...	Clermont.........	374	26,377	26,751
	Riom............	»	1,600	1,600
	Bayonne.........	»	3,350	3,350
PYRÉNÉES (BAS-	Oloron.........	»	2,188	2,188
SES-).........	Orthez.........	»	399	399
	Pau............	»	20,000	20,000
PYRÉNÉES (HAU-	Bagnères.........	»	2,978	2,978
TES).........	Tarbes.........	75	7,402	7,477
PYRÉNÉES-OR..	Perpignan........	86	15,500	15,586
	Haguenau........	1	5,435	5,436
	Saverne.........	»	358	358
RHIN (BAS-).....	Schlestadt........	153	4,362	4,515
	Strasbourg.......	1,589	180,000	181,589
	Wissembourg.....	87	249	336
	Belfort.........	»	2,167	2,167
RHIN (HAUT-)...	Colmar.........	451	34,489	34,940
	Mulhouse.........	»	5,000	5,000
	Lyon. Bib. de la ville.	1,500	120,000	121,500
RHÔNE.........	Id. Bibl. du Palais des arts....	337	30,000	30,337
	Villefranche.......	»	7,000	7,000
	Autun..........	1	9,700	9,701
	Châlon.........	102	15,000	15,102
SAÔNE-ET-LOIRE.	Charolles........	8	2,418	2,426
	Cluny.........	132	4,200	4,332
	Louhans.........	»	2,285	2,285
	Mâcon.........	7	6,000	6,007
	A reporter....	34,598	2,969,655	3,004,252

BIBLIO-THÈQUES pourvues d'un catalogue complet.	DATE du CATALOGUE.	NOMBRE de jours d'ouverture par semaine.	PRÊT au DEHORS exclusivement.	MOYENNE QUOTIDIENNE des lecteurs.	ALLOCATIONS MUNICIPALES pour le		SÉANCES du SOIR.
					personnel.	matériel.	
231		728	27	2,456	145,725	119,604 50	27
1	1856	3	»	6	200	600	»
1	1856	6	»	10	1,050	1,600	1
1	1856	»	»	»	»	»	»
1	1838	6	»	40	2,250	2,100	»
1	1856	4	»	14	600	725	1
1	1857	3	»	8	»	»	»
1	1856	»	»	»	»	»	»
1	1823	5	»	2	800	800	»
1	1856	2	»	3	100	100	1
1	1839	6	»	25	2,400	1,200	»
»	»	»	»	»	»	»	»
1	1856	6	»	2	1,500	2,000	»
1	1849	6	»	»	»	»	»
1	1856	6	»	4	»	»	»
»	1857	6	»	40	1,200	1,000	»
1	1853	6	»	4	»	»	»
1	1845	6	»	3	600	100	»
1	1857	5	»	6	1,600	600	»
1	1856	4	»	25	600	400	»
1	1856	»	»	»	»	»	»
1	1856	6	»	»	500	500	»
1	1855	6	»	50	3,000	550	1
1	1855	6	»	20	»	50	»
1	1856	»	1	»	»	»	»
1	1817	3	»	3	2,400	800	»
1	1840	2	»	15	»	1,500	1
1	1814	6	»	70	8,500	12,000	»
1	1850	6	»	70	3,300	1,700	»
1	1852	»	1	»	»	»	»
1	1847	?	»	37	650	600	»
1	1856	3	»	10	500	300	»
1	1851	»	1	»	»	150	»
1	1848	3	»	12	300	100	»
1	1856	»	»	»	»	»	»
1	1835	4	»	15	350	750	1
264		854	30	2,952	175,854	149,639 50	33

NOMS des DÉPARTEMENTS.	NOMS des BIBLIOTHÈQUES.	NOMBRE de VOLUMES manuscrits.	imprimés.	TOTAL.
	Report......	34,598	2,969,654	3,004,252
SAÔNE (HAUTE-).	Gray.............	6	8,000	8,006
	Lure.............	1	2,244	2,245
	Vesoul..........	199	23,242	23,441
SARTHE.......	La Flèche.......	»	500	500
	Mamers..........	1	3,149	3,150
	Le Mans.........	700	40,000	40,700
	Saint-Calais........	1	1,632	1,633
SEINE-INFÉR.	Bolbec..........	»	2,388	2,388
	Dieppe..........	8	6,555	6,563
	Elbeuf.........	»	330	330
	Eu (1)...........	»	»	»
	Fécamp.........	29	7,775	7,804
	Gournay..........	»	1,165	1,165
	Havre..........	18	23,587	23,605
	Montivilliers.....	6	1,200	1,206
	Neufchâtel........	6	3,500	3,506
	Rouen	2,355	110,000	112,355
	Yvetot	»	520	520
SEINE-ET-MARNE	Coulommiers.......	»	2,117	2,117
	Fontainebleau	3	5,751	5,754
	Meaux..........	73	4,971	5,044
	Melun..........	30	14,000	14,030
	Nemours	»	4,600	4,600
	Provins..........	100	8,000	8,100
	Rozoy..........	»	1,500	1,500
SEINE-ET-OISE..	Corbeil..........	»	4,287	4,287
	Étampes (2)........	»	2,225	2,225
	Mantes..........	2	4,500	4,502
	Meulan..........	2	433	435
	Pontoise..........	8	2,196	2,204
	Rambouillet.......	»	1,100	1,100
	Saint-Germain	11	5,500	5,511
	Versailles........	115	55,924	56,039
SÈVRES (DEUX-).	Niort............	21	21,000	21,021
SOMME........	Abbeville.........	32	16,000	16,032
	Amiens..........	600	53,000	53,600
	A reporter...	38,925	3,412,545	3,451,470

(1) Non encore organisée. — (2) Fermée pour cause de réparations.

BIBLIO-THÈQUES pourvues d'un catalogue complet.	DATE du CATALOGUE.	NOMBRE de jours d'ouverture par semaine.	PRÊT ou DEMANDE exclusivement.	MOYENNE QUOTIDIENNE des lecteurs.	ALLOCATIONS MUNICIPALES pour le		SÉANCES du soir.
					personnel.	matériel.	
264		854	30	2,952	176,554	149,839 50	33
1	1856	2	»	12	»	500	»
1	1854	6	x	12	»	100	»
1	1856	3	»	20	400	400	»
1	1856	»	»	»	»	»	»
1	1846	2	»	8	100	30	»
1	1814	6	»	20	2,000	1,600	»
1	1856	6	»	1	»	»	»
1	1856	6	»	6	300	75	1
1	1856	6	»	20	800	900	»
1	1856	2	»	4	300	700	»
1	1855	»	»	»	»	»	»
1	1856	5	»	5	600	»	1
1	1856	»	»	»	»	»	»
1	1856	6	»	50	4,500	3,700	1
1	1856	2	»	40	100	100	1
1	1834	1	»	10	160	300	»
1	1839	5	»	40	7,000	4,900	1
1	1856	6	»	6	»	150	»
1	1856	»	1	»	»	»	»
1	1857	3	»	8	650	500	»
1	1834	4	»	6	600	600	»
1	1856	4	»	10	600	500	»
1	1856	3	»	10	»	350	1
1	1856	3	»	6	300	200	»
1	1856	»	1	»	»	»	»
1	1856	2	»	12	200	200	»
1	1841	»	»	»	»	»	»
1	1853	6	»	10	»	300	»
1	1856	»	1	»	15	15	»
1	1857	»	1	»	»	»	»
1	1850	»	»	»	»	150	»
1	1856	2	»	8	400	600	»
1	1856	6	»	20	3,250	1,800	»
»	»	6	»	6	900	500	»
1	1856	6	»	12	1,150	1,050	»
1	1856	6	x	40	2,900	3,000	1
299		967	34	3,354	202,779	173,059 50	40

NOMS des DÉPARTEMENTS.	NOMS des BIBLIOTHÈQUES.	NOMBRE de VOLUMES		TOTAL.
		manuscrits.	imprimés.	
		38,925	3,412,545	3,451,470
	Albi.............	105	13,000	13,105
	Castres.........	2	3,026	3,028
TARN..........	Gaillac..........	»	1,034	1,034
	Lavaur..........	1	3,468	3,469
TARN-ET-GAR..	Montauban........	3	14,546	14,549
	Brignoles........	»	642	642
	Draguignan......	22	11,700	11,722
VAR..........	Fréjus...........	9	4,286	4,295
	Hières...........	»	788	788
	Grasse..........	30	9,000	9,030
	Toulon..........	22	15,923	15,945
	Avignon.........	1,200	60,000	61,200
VAUCLUSE	Carpentras........	800	25,000	25,800
	Orange..........	»	3,184	3,184
	Fontenay........	3	3,000	3,003
VENDÉE........	Napoléon-Vendée...	6	10,000	10,006
	Sables d'Olonne	1	1,726	1,727
VIENNE (HAUTE-)	Limoges..........	30	14,795	14,825
	Châtellerault (1)....	»	»	»
VIENNE........	Loudun..........	»	37	37
	Poitiers..........	419	22,670	23,089
	Épinal...........	216	18,547	18,763
	Mirecourt.........	»	3,171	3,171
VOSGES........	Neufchâteau.......	2	9,000	9,002
	Remiremont.......	8	8,000	8,008
	Saint-Dié........	33	10,000	10,033
	Auxerre..........	172	29,518	29,690
	Avallon..........	99	3,800	3,899
	Joigny..........	81	3,835	3,916
YONNE........	Sens...........	1,200	10,020	11,220
	Tonnerre........	45	4,120	4,165
	Villeneuve........	»	1,375	1,375
ALGÉRIE........	Alger..........	1,002	2,414	3,416
	TOTAUX....	44,436	3,734,170	3,778,606

(1) Non encore organisée.

BIBLIO-THÈQUES pourvues d'un catalogue complet	DATE du cata-logue.	NOMBRE de jours d'ouver-ture par semaine.	PR... au prêt... exclusi-vement.	MOYENNE quotidienne des lecteurs.	ALLOCATIONS MUNICIPALES pour le		SÉANCES du soir.
					personnel.	matériel.	
299		967	34	154	202,779	173,059 50	40
1	1856	6	»	10	800	600	»
1	1856	2	»	6	300	700	»
1	1856	»	»	»	»	300	»
1	1856	6	»	3	»	»	»
1	1812	4	»	20	1,450	800	»
1	1856	6	»	1	»	»	»
1	1856	6	»	20	960	250	»
1	1834	»	1	»	»	50	»
1	1856	»	1	»	»	100	»
1	1856	3	»	8	350	400	»
1	1856	6	»	12	2,400	750	»
1	1845	4	»	18	3,300	600	1
1	1843	6	»	6	1,600	500	»
1	1856	6	»	6	»	100	»
1	1856	3	»	10	»	300	»
1	1853	4	»	7	1,200	900	»
1	1823	6	»	»	100	50	»
1	1826	6	»	20	1,800	1,200	»
»	»	»	»	»	»	»	»
1	1849	6	»	4	»	»	»
1	1840	6	»	12	3,200	1,500	1
1	1856	6	»	16	1,300	400	»
1	1856	»	»	»	»	»	»
1	1856	1	»	160	»	100	»
1	1856	3	»	4	300	600	»
1	1856	3	»	20	300	300	»
1	1856	3	»	16	300	430	»
1	1851	»	1	»	150	100	»
1	1832	6	»	1	»	100	»
1	1856	6	»	6	400	400	»
1	1856	2	»	7	200	200	»
1	1856	1	»	1	»	»	»
1	1839	3	»	20	3,960	6,040	»
331		1,084	37	3,746	227,139	190,779 50	42